手作花漾戚風蛋糕

瑞昇文化

前　言　　　　　　　　　　　　　　　*Introduction*

　　戚風蛋糕最初是由美國保險經紀人哈里・貝克（Harry Baker）所研發。他在保險業發展不順，藉著製作甜點的興趣維持生計，傳說他是在試做各式甜點的過程中，偶然做出戚風蛋糕。蛋糕後來受到好萊塢知名餐廳的認可，在1930年代它雖然廣受好評，但配方中所用的材料，據說當時無人知曉。

　　1947年，製粉公司從貝克手上買到配方，以「百年首見的全新蛋糕，在家也能輕鬆製作」的宣傳口號，推廣至世界各地。當時被視為祕密的植物油這項材料也已廣為人知。1950年代後半期至1960年代，戚風蛋糕在全美國蔚為風潮。

　　可是，現在美國幾乎看不到戚風蛋糕，擁有二百多年歷史的天使蛋糕卻還安在，這到底怎麼回事？我問美國友人，他回答說「風行一時的東西，早晚會消失，戚風蛋糕就是這樣吧！」

　不可思議的是，在其他國家卻能看到在美國已失去蹤影的戚風蛋糕。我問友人「你在哪裡學的戚風蛋糕？」他回答說：「跟日本人學的，可是，這是日本的甜點吧！」我大吃一驚。原為美國甜點的戚風蛋糕，不知何時竟變成了日本甜點。

　最近，在我的甜點教室，有來自台灣、韓國、中國等亞洲的學生來學習戚風蛋糕。也許同為亞洲人，大家的喜好類似吧。很高興我能建立戚風蛋糕這個學習園地。

　現在，我內心深深感受到「戚風蛋糕誕生於美國，但在日本成長茁壯！」

小沢のり子

Contents 目錄

※ 在第9頁起的「基礎篇」中，將詳細介紹戚風蛋糕的製作
　步驟。第19頁起的「應用篇」中，基本上介紹的蛋糕作法
　也相同，所以請先充分掌握「基礎篇」的內容。

※ 書中標示的烘烤時間和火力，為大致的標準。因烤箱大
　小、性能或類型不同，所需的時間和火力也有差異，這點
　請注意。第70頁、76頁中有介紹烘烤完成的大致標準，
　請參考這兩頁的說明。

戚風蛋糕的材料和器具
....

戚風蛋糕是利用手邊材料就能製作的甜點。可是，每種材料都有使用的「理由」。如果徹底了解理由所在，技術會加速進步。以下，除了材料外，還一併介紹超乎想像重要的器具。

【蛋】

蛋白可分成濃稠和水樣兩種狀態，新鮮的蛋，蛋白大多濃稠，而不新鮮的蛋，大部分呈水樣蛋白。濃稠的蛋白黏性強，製作出的麵糊有韌性，所以本店一定使用新鮮的蛋。這種韌性關係到蛋糕的安定性，換句話說，它是製作柔軟不坍塌、下壓後能彈回，富彈性的蛋糕的材料之一。在現階段，還沒有任何食材，能取代蛋具有的這種韌性。連接蛋白和蛋黃的繫帶，極富營養價值，請勿剔除，和蛋白一起運用。

蛋黃是為人熟知的天然乳化劑。美乃滋中加入蛋黃，目的是當作乳化劑使用，以免水與油分離。同樣地，戚風蛋糕中也有加入水分和油分，所以利用蛋黃作為乳化劑。

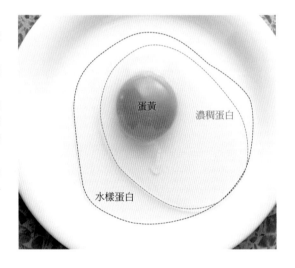

蛋黃　濃稠蛋白

水樣蛋白

【油】

只要是和麩質（gluten）混合能形成柔軟彈性的植物油（液態油），任何品牌均可使用。香味較濃的油，蛋糕易留下香味，可隨個人喜好選擇使用。

【麵粉】

　　製作甜點時，要根據麩質來選擇麵粉。像麵包類需要較強韌的麩質，適合選用以硬質小麥製作的高筋麵粉，然而糕點不需要那樣的麩質，所以適合選用以軟質小麥製作的低筋麵粉，若使用高筋麵粉，蛋糕的口感會變硬。

　　依蛋白質的含量不同，低筋麵粉也有各式各樣的種類，不過麩質的品質相當重要，光是蛋白質含量還無法判定優劣。對本店來說，能製作出柔軟不塌陷，富有彈性的蛋糕，就是優質麵粉，所以我們經多試做才選用。

　　試著使用後，能製作出自己心目中理想蛋糕的麵粉，就是好麵粉，請多方嘗試，找出自己愛用的麵粉。

【砂糖】

　　白砂糖和上白糖的原料相同。加入轉化糖（invert sugar）的上白糖，為日本特產的糖種，在使用相同量的情況下，與白砂糖相比，上白糖的特色是較易融化，味道稍甜、也比較容易上色。歐美大都用白砂糖，需依砂糖的粗細度變換使用方法。西洋甜點是由歐美傳入，大多使用白砂糖。要用哪種糖製作，可隨個人喜好。

　　黑糖等糖種精製度低，內含許多雜質，不利膨脹。而「和三盆」是充分精製的糖，膨脹度佳。這種特性麵粉也一樣。

※編註：「和三盆」是日本特產的手工糖種，風味甘潤甜美。

【鮮奶】

　　鮮奶含有固形物成分，用鮮奶取代水分時，分量請稍微增加一點，否則做出的蛋糕口感，會變得比較硬。

【餡料】

　　製作不同風味的戚風蛋糕時，我喜歡活用食材的原味，所以蛋糕裡，我會用直接食用也很美味的餡料。這樣萬一蛋糕做壞了，吃起來仍然很可口。我希望各位吃蛋糕時，能知道蛋糕裡放了哪些餡料，以免放太多而失敗。

　　不過，酸味或澀味太重的食材，會破壞蛋白質，使蛋糕失敗，製作時請小心。放入含有多酚（hpolyphenol）的食材也需注意！蛋糕不易呈現漂亮的顏色。加入水分多的固形物時，則容易使蛋糕中有孔洞，這點也需注意。

【玉米粉】

　　蛋白中加入玉米粉，目的在於吸收蛋白的水分，使蛋白霜的氣泡更安定，而且還能使蛋糕的口感更好。本店使用玉米粉，就是基於上述兩項理由。不過玉米粉加太多，容易讓蛋糕變得太乾，所以大約只要將麵粉10％的分量換用玉米粉。

　　不用玉米粉也能完成蛋糕，不使用的人，可將玉米粉的分量改用麵粉，在蛋黃麵糊中加入麵粉時一起放入即可。

【電動攪拌器】

　　蛋白霜是戚風蛋糕的核心。因此，在製作戚風蛋糕上，如何挑選電動攪拌器相當重要。

　　本書的食譜中，分別介紹了17cm和20cm的模型的分量。本店是使用20cm的模型，有些機種的家用烤箱放不下20cm的模型，所以我也介紹用17cm的模型製作蛋糕的食譜。

　　不過，對於目前擁有很大的烤箱，想要挑戰製作20cm戚風蛋糕的人，礙於手邊電動攪拌器的功能，我覺得還是用17cm模型來製作比較好。

　　為什麼我這麼說呢？因為我們一般購買的電動攪拌器，輸出功率大多是80W、100W或170W，不同功率在製作蛋白霜時會產生很大的差異。模型越大，蛋白霜必須含有更多空氣，充分發泡變硬。為了製作更硬挺的蛋白霜，電動攪拌器必須具有一定強度的打發力道。但是瓦數如果太小，再怎麼攪打蛋白霜中也無法納入大量空氣。

　　具體來說，80W電動攪拌器的功能，打不出20cm模型所需的蛋白霜。如果一定要製作20cm模型的蛋糕時，請使用170W的電動攪拌器。

第一步，
先製作原味戚風蛋糕

我最初認識戚風蛋糕，大約是在1980年代初期。
它又大又軟，我驚豔於這個從未吃過的美味。
日後，我對於美、日恰好相反的做法感到困惑，
為什麼呢？滿腹的疑惑讓我對戚風蛋糕產生了興趣。
在美國，戚風蛋糕是使用泡打粉或塔塔粉（cream of tartar ）等添加物，輕鬆就能完成的日常甜點。
可是，我希望不用添加物也能做出美味蛋糕，但如果不用的話，立刻就面臨失敗。
簡單又美味的方法當然最好，不過，
想做出美味蛋糕卻不用添加物，便成了問題所在，那是困難的。
以下，我將介紹以美國的作法為基礎、
但不用添加物製作戚風蛋糕的作法。

Plain Chiffon

在我的店裡，是採取「講究」的原味戚風蛋糕的作法。

剛來戚風蛋糕教室的人，我會先教他們基本的原味蛋糕的作法，

藉此讓他們熟悉戚風蛋糕。

因為不加餡料和其他粉類，所以新手也能輕鬆學習。

第19頁以後，將介紹的不同口味的戚風蛋糕，基本上也是以此作為基礎。

先 打 發 蛋 白

1 使用冰冷的蛋白。將蛋白放入攪拌盆中，為了讓蛋白均勻的納入空氣，電動攪拌器先以低速，再改中速攪打。富彈性的蛋白，用電動攪拌器能夠挑起。蛋白若過度打散，會失去彈性，這點請注意。

2 蛋適度打散後，改用高速攪打發泡。

3 攪打到電動攪拌器舀取蛋白霜，前端會有豎起的尖角的發泡度。

4 蛋白霜若有豎起的尖角，接著用茶匙舀取1尖匙砂糖倒入，再繼續攪打。加入砂糖後蛋白霜會變軟，但是發泡後還會變硬。

【材料】

（17cm模型）
蛋白…120g／砂糖…60g／玉米粉…6g

蛋黃…50g／溫水…40g／植物油…40g／
低筋麵粉…65g／砂糖…13g

（20cm模型）
蛋白…180g／砂糖…90g／玉米粉…10g

蛋黃…80g／溫水…60g／植物油…60g／
低筋麵粉…100g／砂糖…20g

5 加入砂糖後，攪打的手感會變重，一直攪打到前端能形成尖角的發泡程度。

6 再加1大匙砂糖，用電動攪拌器繼續攪打，重複③～⑤的作業，直到準備的砂糖用完為止。

7 加入最後的砂糖，攪打到有豎起的尖角，手感變沉重，蛋白霜的打發作業就完成了。最後一次加入砂糖時，也一併加入玉米粉。

8 接著，將電動攪拌器垂直對著蛋白霜，改用低速，如在攪拌盆中畫圓般慢慢的攪打5～6圈，以便形成均勻的細小氣泡。

9 拿掉電動攪拌器，直接靜置2～3分鐘。靜置的目的，是為了確認蛋白霜的狀態是否良好。

接著，製作蛋黃麵糊

10 在蛋白霜靜置期間，製作蛋黃麵糊。準備另一個攪拌盆，放入蛋黃、水和油。

11 再加入麵粉。

12 將電動攪拌器垂直放入，先用低速再轉中速攪拌混合。這階段不要打發，讓攪拌棒在攪拌盆中，一面如畫圓般攪拌，一面讓水和油乳化。攪打過蛋白霜的電動攪拌器，不清洗直接使用也OK。

將蛋白霜攪拌成均勻的小氣泡。

13 麵糊產生黏性後即完成。請注意麵糊不可太黏。麵糊產生黏性後，加入砂糖，以和12相同的要領攪拌混合，直到砂糖融化為止。

14 製作蛋黃麵糊需2～3分鐘的時間，這時蛋白霜會變成什麼狀態呢？狀態佳的是沒什麼變化，但是狀態差的，表面會變得乾乾澀澀的。狀態佳的蛋白霜，手握打蛋器手肘不動，只轉動手腕畫圓般攪拌，讓蛋白霜的小氣泡變得均勻一致。而狀態差的蛋白霜，因氣泡消失，所以要再度發泡，再攪拌變成均勻的小氣泡。

製作戚風蛋糕麵糊
. . . .

15 蛋白霜的小氣泡均勻一致後，和蛋黃麵糊混合。用打蛋器舀取和蛋黃麵糊相同分量的蛋白霜，放入麵糊的攪拌盆中。

16 用橡皮刮刀從攪拌盆中央底部舀取麵糊，如將上面的麵糊往下壓送般翻拌混合。這時，一面旋轉攪拌盆，一面進行翻拌作業。

17 再次檢視剩餘的蛋白霜，將它攪拌成良好狀態，再倒入16。

18 混合。這時，和16一樣由下向上舀取般翻拌混合。白色蛋白霜若已混勻不見，仍要繼續混合，直到麵糊具有某種柔軟度。充分混合的麵糊，才烤出美味的蛋糕。

倒入模型中烘烤

19 麵糊混勻後，倒入模型中，模型裡不要塗油。倒麵糊時，將攪拌盆放在中央長筒的上方來倒，較容易作業。

20 搖晃模型，讓表面變平整再烘烤。

21 將模型放入已預熱的烤箱中，以160℃左右的中溫，約烤30分鐘（20cm模型約烤35分鐘）。

22 烤到表面隆起的蛋糕，又稍微往下坍一點即完成。取出模型，將模型底部輕輕敲擊工作台，再倒扣放涼。涼了之後，為免蛋糕變乾，放置鬆弛一天再脫模。

蛋糕脫模

23 食用前才將蛋糕脫模，用手從模型中取出蛋糕。先沿著模型外緣，用手指將蛋糕輕輕下壓，再往面前撥。讓蛋糕側面一圈和模型分離至2/3的高度。

24 接著，從中央軸的周圍輕輕下壓，讓大約1/3高度的蛋糕和模型分離。

25 將連筒軸的模型底部用手指往上推，將蛋糕從模型中取出。

26 這時蛋糕還黏附在中央筒和模型底部。將取出的蛋糕橫放，用小指的側面一面輕輕的下壓，一面將蛋糕往上撥，讓它和底部分離。這時，中央筒和底部交接處的蛋糕若沒和模型分離，蛋糕取出時往往會造成缺角，這點請注意。

最重要的是「安定的」蛋白霜

麵糊中若加入膨脹劑,就會很容易膨脹,可是不加又想讓它膨脹,就變得很難。讓它靠本身的力量膨脹,一定得借助空氣的膨脹力。因此,以氣泡包住空氣的蛋白霜的作法,變得相當重要。蛋白霜不僅發泡狀態需良好,氣泡還得不易消失十分安定。那麼,要如何製作安定的蛋白霜呢?

蛋白霜用蛋白和砂糖製作而成,攪打蛋白,讓它和空氣混合能形成氣泡。氣泡靜置不動會立刻消失,可是加入砂糖後能產生黏性,氣泡質地變細,變得安定少變化,換句話說,加入砂糖能做出氣泡不易消失的安定的蛋白霜。

不過,加入砂糖的方式必須特別留意。一次加太多砂糖的話,會抑制蛋白發泡,可是加太少的話,又會使氣泡過多,所以,在蛋白中適時適量加入砂糖攪打,才能製作出氣泡膜結實,不易破滅消失的安定蛋白霜。

但困難點在於,質地細緻,不易變化的安定的氣泡,無法用肉眼看出,我們雖然使用機器攪打發泡,可是機器無法製作出完美的蛋白霜,最終作業還是得靠人的手感來調整,讓蛋白霜的氣泡變細。藉著手拿打蛋器,如在蛋白霜中揮動般攪打,透過手的觸感來判斷好壞,那才是最重要的。

而用眼睛來辨識蛋白霜的好壞,只能透過一種方法。那就是,將攪打好的蛋白霜分成兩、三份分別靜置,藉由靜置過的蛋白霜的變化來判斷好壞。狀態如果不好,要調整後再使用。若蛋白霜沒什麼變化,狀態良好,這時也不能放心馬上使用。還是要用打蛋器,將肉眼看不見的細小氣泡混拌成大小均勻一致。因為了解小氣泡是否均勻一致,得靠手來感覺,我想這點需要花點時間才能學會,還請各位繼續努力。

學習的訣竅是,蛋白和砂糖最好保持一定的分量製作,直到能成功製作蛋白霜為止。一直以相同的分量製作,便能記住感覺,了解到平時做的時候就是這種感覺……。相對於蛋白,本店一直使用一定分量的砂糖。根據不同食材,若加入蛋白中的砂糖分量不夠甜時,才會在蛋黃麵糊中添加砂糖。

製作蛋白霜時,電動攪拌器的種類、大小和強弱不同,其使用法及蛋白霜的作法等會隨之改變,熟悉自己的電動攪拌器也很重要。

想製作好的蛋白霜,有下列兩項條件:

①使用新鮮的蛋:新鮮的蛋白雖然不好打發,但打發後的氣泡不易消失,很安定。而不新鮮的蛋白,雖然能立刻打發,但氣泡卻很快消失,不耐久。

狀態好的蛋白霜　　　　　　　　　　氣泡膜結實不易破

氣泡細小又均勻

此外，氣泡一旦迅速消失，就無法充分混合兩種材料，做出的蛋糕也不會美味。濃稠的蛋白富黏性、結實，空氣難以進入，所以要打散後再使用，但不可破壞其韌性。韌性若被破壞，麵糊也無法產生韌性，使用新鮮的蛋就沒意義了。濃稠蛋白的韌性佳，能攪打出安定、不易消失的氣泡，這關係到麵糊的韌性，所以要注意別破壞了蛋白的韌性。

②使用時才從冷藏室取出：攪打蛋白時，冰涼的比沒冰的蛋白發泡效果差，但卻能打出較細緻、安定的氣泡。若經過冷凍，蛋白則會失去韌性。

戚風蛋糕九成失敗的原因，都因為蛋白霜狀態不佳。蛋白霜製作得好壞，可說和戚風蛋糕息息相關。而且，如果蛋白霜能製作成功，其他甜點的蛋白霜也會做得更好。

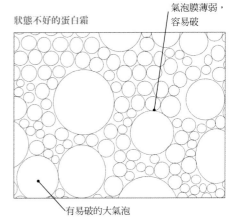

狀態不好的蛋白霜　　　　氣泡膜薄弱，容易破

有易破的大氣泡

製作戚風蛋糕的重點②

如何進行乳化作業？

戚風蛋糕不用奶油或豬油等動物性油脂，是少數以植物性油脂製作的甜點。雖說它是用植物油脂和水分（水、鮮奶、果汁等）混合，不過水和油當然無法混合在一起。

而「乳化」作業，能讓兩種原本無法混合的材料混合。最近，在製作甜點上，乳化一詞也時有所聞。進行乳化時必須藉助乳化劑這種物質，蛋黃的卵磷脂成分正具有乳化劑的作用，蛋黃因而被稱為天然的乳化劑。製作戚風蛋糕時，以蛋黃的卵磷脂作為媒介，讓水分圍在油的周圍（參照第18頁的圖）。但是，這種乳化從外觀來看好似已經混合，但其實看不見的地方並未混合，最後必將導致蛋糕失敗。

那麼，看不見的地方該怎麼辦呢？從科學上能找到正確作法，就是「朝一定方向旋轉，避免力道太大」，這樣在一個地方發生乳化反應後，會形成連鎖反應傳至整體。若以很大的力道混合，反而會破壞卵磷脂的乳化力，造成乳化不完全而導致失敗。

進行乳化時，還有一點得注意，那就是溫度。太冷或太熱，都無法讓水分和油分充分混合，所以一定要注意溫度的調節。若用冰涼的蛋黃，可加少許溫水混合，因為麩質最好不要用太冰涼的水。

乳化劑能使麩質充分伸展，有助甜點和麵包的膨脹。不只戚風蛋糕需要乳化作業，製作泡芙或處理巧克力等，許多甜點製作上都需要，所以學會乳化作業後，對製作其他甜點應該也有幫助。

乳化的概念

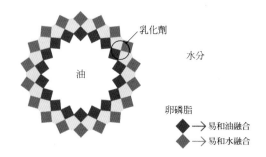

乳化劑

水分

油

卵磷脂

◆ → 易和油融合

◆ → 易和水融合

製作戚風蛋糕的重點③

戚風蛋糕中，是否需要麩質？

　　戚風蛋糕的特色是使用植物油。可是，只用植物油，戚風蛋糕無法產生柔軟的口感。另有一種成分也不可或缺，那就是麩質。麵粉中加水攪拌後，能形成構成網眼結構的麩質，麩質中所含的麥穀蛋白（glutenin）和麥醇溶蛋白（gliadin）能變成具黏性和彈性的物質，成為蛋糕的骨架。麵粉據說是唯一能產生麩質的穀類，我認為使用麵粉的重點不在於能否產生麩質，而在於該如何利用麩質。

　　像奶油這類動物油脂（固形油脂）和麩質混合後，會使麵糊變硬，麩質粉碎變得鬆散。

　　而植物油（液狀油）和麩質混合，麵糊的延伸性不但變好，也會變得柔軟有彈性。這種柔軟的麩質，像膜一樣膨脹包覆在蛋白霜氣泡的周圍，我想這是戚風蛋糕柔軟富彈性的祕密。具麩質的蛋黃麵糊，如包裹一般與安定蛋白霜的細小氣泡充分混合，決定了蛋糕的美味。而且，與植物油混合的麩質及蛋白霜的韌性，即便使戚風蛋糕變柔軟，但其柔軟度也不致於坍塌。

　　前文介紹過，蛋黃麵糊必須有某程度的黏性（麩質），所以要充分混合到產生黏性。但因不需要太多麩質，所以注意不可攪拌過度。

　　麩質隨著放置，會逐漸喪失彈性。這麼一來，戚風蛋糕將變得缺乏彈性和口感，因此如果製作蛋白霜要花些時間，那麼請做好蛋白霜後再製作蛋黃麵糊，並立刻使用，最理想的情況是兩者同時完成。因砂糖也會使麩質變弱，所以產生麩質後再加入砂糖。

　　不只是混合蛋黃麵糊而已，如上所述，它背後還隱藏許多重要的製作原由。想避免失敗，是不是應該提出疑問，了解科學上的原因及肉眼看不見的地方。

　　現在，各位或許已了解油脂對麩質造成的不同影響吧。

製作各式口味和
繽紛色彩的戚風蛋糕

你已經掌握基本的原味戚風蛋糕了吧？

以下將以戚風蛋糕的作法為基礎，介紹如何廣泛應用。

在麵糊中加入其他顏色的材料，或具季節感的材料，能變化出各式口味的戚風蛋糕。

什麼都不加的原味蛋糕，輕鬆就能完成，但本篇的蛋糕要加其他材料和粉類，會稍微多點步驟。

仔細做出安定的蛋白霜，蛋黃麵糊卻乳化不完全，

或是兩種麵糊沒能充分混合，多數會導致失敗。

原味戚風蛋糕適合初學者製作，以下介紹的則適合中級、高級程度者。

第68頁中還將介紹一些失敗案例，為什麼失敗，怎麼做才不會失敗，

請各位也參考該篇內容，多加努力吧！

Arranged Chiffon

肉桂戚風蛋糕

這個肉桂戚風蛋糕，是我最早教學生做的蛋糕。

第一次製作戚風蛋糕，學生們總是期待又興奮。

不含油脂成分的肉桂粉，能和麵粉一樣視為粉類來處理，所以較容易製作。

你若已經掌握原味戚風，接下來請挑戰這個肉桂口味的戚風蛋糕。

除了肉桂粉外，其他不含油脂成分的辛香調味粉皆可試做看看，

能變化出多樣化的口味，可依個人喜好調整調味粉的分量。

在店裡，即使不愛肉桂味的人，吃了蛋糕都覺得很美味，希望你也能喜歡。

Cinnamon Chiffon

【材料】	（17cm模型）	（20cm模型）		（17cm模型）	（20cm模型）
蛋白	110g	180g	水	36g	60g
砂糖	55g	90g	植物油	36g	60g
玉米粉	5g	10g	低筋麵粉	55g	90g
			砂糖	12g	20g
蛋黃	40g	70g	肉桂粉	3.6g	6g

1　用蛋白、砂糖和玉米粉，製作安定的蛋白霜備用。

2　將蛋黃、水、油和麵粉攪打混勻A。

3　麵糊產生黏性後，加入砂糖攪打混合至融化為止B。

4　砂糖融化後，加入肉桂粉混勻。攪打時，麵糊容易飛濺到攪拌盆的邊緣，用橡皮刮刀刮攏混勻C、D。

5　重新檢視①的蛋白霜狀態，取和④的蛋黃麵糊相同的分量，混入④中。接著，再次檢視剩餘蛋白霜，攪拌成良好狀態，再倒入麵糊混合。

6　倒入模型中，放入中溫的烤箱約烤30分鐘（20cm模型約烤35分鐘）。

7　烤好後從烤箱中取出，將模型底部輕輕敲擊工作台，再倒扣放涼。

8　讓蛋糕靜置鬆弛一天，食用前才脫模分切。

裝飾用鮮奶油

【材料】	（17cm模型）	（20cm模型）
鮮奶油	140g	200g
砂糖	12g	18g
肉桂粉	0.7g	1.2g
裝飾用肉桂	適量	

【作法】
1 在攪拌盆中，加入鮮奶油和砂糖，盆底一面浸泡冰水，一面攪打成細綿的發泡狀態。
2 加入肉桂混勻，塗抹在戚風蛋糕的表面。
3 最後撒上肉桂粉。

咖啡戚風蛋糕

咖啡與肉桂口味,同為容易製作的戚風蛋糕。

這個配方中是使用即溶咖啡調味。

即溶咖啡經脫水、濃縮,方便調節色澤濃度與味道。

用咖啡豆不管煮出多麼濃的咖啡,

可是因為水分多,加入麵糊中仍有限度,較難呈現理想的顏色和味道。

單調的褐色少了趣味性,不妨試著做成大理石的花紋。

它也是較容易製作的口味,如果會做肉桂戚風,

接下來試試這個咖啡戚風,這次挑戰的是大理石麵糊。

可隨個人喜好,選用不同風味的咖啡……

Coffee Chiffon

【材料】	（17cm模型）	（20cm模型）		（17cm模型）	（20cm模型）
蛋白	110g	180g	即溶咖啡	2g	3g
砂糖	55g	90g	低筋麵粉	55g	90g
玉米粉	5g	10g	砂糖	12g	20g
蛋黃	40g	70g	即溶咖啡	3g	5g
水	36g	60g	水	3g	5g
植物油	36g	60g			

1 用蛋白、砂糖和玉米粉，製作安定的蛋白霜備用。

2 另外準備3g（20cm模型需5g）的即溶咖啡，以等量的水溶解備用。

3 將蛋黃、水、油和2g（20cm模型需3g）的即溶咖啡輕輕混勻。

4 接著加入麵粉攪打混合。

5 麵糊產生黏性後，加入砂糖攪打混合至融化為止 A。

6 重新檢視①的蛋白霜狀態，取和⑤的蛋黃麵糊相同的分量，混入⑤中 B。接著，再次檢視剩餘蛋白霜，攪拌成良好狀態，再倒入麵糊混合 C。若白色蛋白霜已混勻不見，注意這時要比混合原味麵糊再提前一點停止混合，先取出120g（20cm的模型取200g）。

7 在②溶化的咖啡中，加入在⑦取出的麵糊混合 D。

8 將⑥剩餘的麵糊再次輕輕混合，加入⑦的麵糊，如切割般混合 E，注意這時不要完全混合均勻。

9 倒入模型中 F，放入中溫的烤箱約烤30分鐘（20cm模型烤35分鐘）。

10 烤好後從烤箱中取出，將模型底部輕輕敲擊工作台，再倒扣放涼。

11 讓蛋糕靜置鬆弛一天，食用前才脫模分切。

胡蘿蔔戚風蛋糕

胡蘿蔔和南瓜一樣，都是常用於甜點中的蔬菜。我在法國曾做過這個口味的戚風，

但或許因為法國胡蘿蔔常作為沙拉生食，

所以味道不太香、也不太濃，所以我還會加入柳橙皮調味。

給法國人吃了，他們都感到不可思議，詢問「這蛋糕裡加了什麼？」

不喜歡胡蘿蔔味道的人，最好加入檸檬皮和汁，以消除太濃的胡蘿蔔味。

胡蘿蔔種類五花八門，有汁多、汁少，色濃、色淡的，

加入戚風蛋糕中，要選用哪種十分重要。

胡蘿蔔磨成泥時，加入粗泥，蛋糕才能呈現均勻的紅色胡蘿蔔。

根據胡蘿蔔的種類，可加入柳橙或檸檬調味，

使用水分多的胡蘿蔔時，滲出的汁液可取代水等，

多費點心思調配出自己的配方也樂趣無窮。

Carrot Chiffon

【材料】	（17cm模型）	（20cm模型）		（17cm模型）	（20cm模型）
蛋白	110g	180g	檸檬皮（磨碎）	1/3個	1/2個
砂糖	55g	90g	檸檬汁	10g	15g
玉米粉	5g	10g	低筋麵粉	60g	100g
蛋黃	40g	70g	胡蘿蔔（磨碎）	70g	120g
水	24g	40g	砂糖	12g	20g
油	36g	60g			

1　將胡蘿蔔磨碎，加入檸檬皮 A 。

2　用蛋白、砂糖和玉米粉，製作安定的蛋白霜備用。

3　將蛋黃、水、油、檸檬汁和 ① 輕輕混合 B 後，加入麵粉攪打混合。

4　麵糊產生黏性後，加入砂糖混合到融化為止。

5　重新檢視 ② 的蛋白霜狀態，取和 ④ 的蛋黃麵糊相同的分量，混入 ④ 中 C 。接著，再次檢視剩餘蛋白霜，攪拌成良好狀態，再倒入麵糊混合 D 。

6　倒入模型中，放入中溫的烤箱中約烤35分鐘（20cm模型約烤40分鐘）。

7　烤好後從烤箱中取出，將模型底部輕輕敲擊工作台，再倒扣放涼。

8　讓蛋糕靜置鬆弛一天，食用前才脫模分切。

胡蘿蔔豆渣戚風蛋糕

這是我以前在豆腐、豆奶類甜點部研發的口味。

以豆奶取代水，加入豆渣和蔬菜類胡蘿蔔，使蛋糕充滿健康感。

豆奶和豆渣能讓蛋糕呈現濃郁的風味。

Carrot Okara Chiffon

【材料】	（17cm模型）	（20cm模型）		（17cm模型）	（20cm模型）
蛋白	110g	180g	油	36g	60g
砂糖	55g	90g	低筋麵粉	55g	90g
玉米粉	5g	10g	豆渣	20g	30g
			胡蘿蔔（磨碎）	55g	90g
蛋黃	50g	80g	砂糖	12g	20g
豆奶	50g	80g			

1　在磨碎的胡蘿蔔中，加入豆渣充分混合備用。

2　用蛋白、砂糖和玉米粉，製作安定的蛋白霜備用。

3　將蛋黃、豆奶和油混合後，加入麵粉充分攪打混合。

4　麵糊產生黏性後，加入砂糖混合到融化為止。

5　在④中加入①，用刮刀混合。

6　重新檢視②的蛋白霜狀態，取和⑤的蛋黃麵糊相同的分量，混入⑤中。接著，再次檢視剩餘蛋白霜，攪拌成良好狀態，再倒入麵糊混合。

7　倒入模型中，放入中溫的烤箱約烤35分鐘（20cm模型約烤45分鐘）。

8　烤好後從烤箱中取出，將模型底部輕輕敲擊工作台，再倒扣放涼。

9　讓蛋糕靜置鬆弛一天，食用前才脫模分切。

草莓優格戚風蛋糕

據說優格有助改善花粉症和有益腸道。

喝膩或吃煩時，不妨將它製成甜點。

我在碾碎草莓混合優格食用時，想到這個蛋糕。

蛋糕中是以優格的水分取代水。

加入壓碎的草莓，酸味優格使草莓呈淡粉紅色。

這是一款很容易做的戚風蛋糕，請你務必試試看。

Strawberry Yogurt Chiffon

【材料】	（17cm模型）	（20cm模型）		（17cm模型）	（20cm模型）
蛋白	110g	180g	植物油	36g	60g
砂糖	55g	90g	優格	50g	80g
玉米粉	5g	10g	草莓（切粗末）	60g	100g
			低筋麵粉	60g	100g
蛋黃	40g	70g			

1 用蛋白、砂糖和玉米粉，製作安定的蛋白霜備用。

2 在優格中加入草莓，輕輕壓碎備用。

3 加入②、蛋黃、油和麵粉攪打混合。

4 重新檢視①的蛋白霜狀態，取和③的蛋黃麵糊相同的分量，混入③中。接著，再次檢視剩餘蛋白霜，攪拌成良好狀態，再倒入麵糊混合。

5 倒入模型中，放入中溫的烤箱約烤35分鐘（20cm模型約烤40分鐘）。

6 烤好後從烤箱中取出，將模型底部輕輕敲擊工作台，再倒扣放涼。

7 讓蛋糕靜置鬆弛一天，食用前才脫模分切。

生薑戚風蛋糕

从前，我用生薑組合巧克力製作過戚風蛋糕，但不太受歡迎。

轉眼二十多年過去了，也許是時代潮流在變，現在市面上出現許多蔬菜製作的甜點。

我用和過去不同的配方試做生薑戚風蛋糕時，從舊生那裡獲得靈感。

他表示喝完以蜂蜜醃漬的薑茶後，用剩餘的薑製作戚風蛋糕，

味道很棒，於是我修改成現在的配方，

這是能享受生薑爽脆口感與清爽風味的蛋糕。

過去我認為老年人不太喜愛加了生薑的甜點……

沒想到高齡90多歲的父親覺得生薑戚風蠻美味的，這點令我大為訝異。

Ginger Chiffon

【材料】	（17cm模型）	（20cm模型）		（17cm模型）	（20cm模型）
蛋白	110g	180g	植物油	36g	60g
砂糖	55g	90g	生薑醃漬液	6g	10g
玉米粉	5g	10g	低筋麵粉	60g	100g
			生薑（切碎）	36g	60g
蛋黃	40g	70g			
水	36g	60g	醃漬用蜂蜜	適量	

1　生薑切末，用微波爐稍微加熱，立即放入能蓋過生薑的蜂蜜中醃漬，靜置2、3天。使用前，用茶濾濾出生薑，取醃漬液備用。

2　用蛋白、砂糖和玉米粉，製作安定的蛋白霜備用。

3　在蛋黃、水和油中，倒入生薑的醃漬液 A，輕輕混合後，加入麵粉充分攪打混合 B。

4　麵糊產生黏性後，加入 1 的生薑輕輕混合 C。

5　重新檢視 2 的蛋白霜狀態，取和 4 的蛋黃麵糊相同的分量，混入 4 中。接著，再次檢視剩餘蛋白霜，攪拌成良好狀態，再倒入麵糊混合。

6　倒入模型中，放入中溫的烤箱約烤35分鐘（20cm模型約烤40分鐘）。

7　烤好後從烤箱中取出，將模型底部輕輕敲擊工作台，再倒扣放涼。

8　讓蛋糕靜置鬆弛一天，食用前才脫模分切。

紅茶戚風蛋糕

提到香味紅茶，大家第一個會想到伯爵紅茶，
但我想呈現不同的風味，於是找到瑞典的混合紅茶。
我喜歡它加入水果乾和乾燥花，不用香料的自然香甜味。
茶葉碾碎直接加入麵糊中，因為沒有水分所以蛋糕容易成功。
雖然紅茶喝起來也很棒，但和這個戚風蛋糕一起享用的話，
蛋糕的柔和香味，會被紅茶濃郁的香味掩蓋，所以我會搭配不同的飲料。
請你務必用喜愛的紅茶試做看看！

Tea Chiffon

【材料】	（17cm模型）	（20cm模型）		（17cm模型）	（20cm模型）
蛋白	110g	180g	植物油	36g	60g
砂糖	55g	90g	低筋麵粉	55g	90g
玉米粉	5g	10g	砂糖	12g	20g
蛋黃	40g	70g	紅茶茶葉	5g	8g
水	36g	60g			

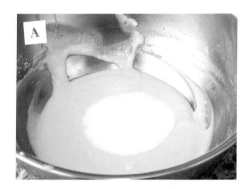

1　用研磨器將紅茶稍微粗磨備用。

2　用蛋白、砂糖和玉米粉，製作安定的蛋白霜備用。

3　加入蛋黃、水、油和麵粉，充分攪打混合。

4　麵糊產生黏性後，加入砂糖A混合至融化為止。

5　加入①的紅茶茶葉，用橡皮刮刀混合E。

6　重新檢視②的蛋白霜狀態，取和⑤的蛋黃麵糊相同的分量，混入⑤中。接著，再次檢視剩餘蛋白霜，攪拌成良好狀態，再倒入麵糊混合。

7　倒入模型中，放入中溫的烤箱約烤30分鐘（20cm模型約烤35分鐘）。

8　烤好後從烤箱中取出，將模型底部輕輕敲擊工作台，再倒扣模型放涼。

9　讓蛋糕靜置鬆弛一天，食用前才脫模分切。

裝飾用鮮奶油

【材料】	（17cm模型）	（20cm模型）
鮮奶油	140g	200g
砂糖	12g	18g
紅茶茶葉（裝飾用）	少量	少量

【作法】

1　在攪拌盆中加入鮮奶油和砂糖，盆底一面浸泡冰水，一面攪打發泡。

2　將①塗抹在戚風蛋糕的表面。

3　裝飾上紅茶的茶葉。

綠茶戚風蛋糕

日本的綠茶不只在國內受歡迎，在海外也頗有人氣。

店裡收到茶葉專賣店送來的香濃新茶時，我都會製作這個蛋糕。

茶葉本是漂亮的綠色，但葉綠素被光照射後，會變成暗沉污濁的褐綠色。

我原以為沒辦法改善了，後來發現預防變色的方法，那就是加入維他命C。

加入少許檸檬汁，就能長時間維持綠色。解決變色的難題後，還有另一項困擾，那就是澀味（兒茶素）。

澀味會破壞蛋白質（麩質），使蛋糕失去彈性與柔軟度。

對戚風蛋糕來說澀味是大敵，麵糊中一定要盡量沒有澀味。

為了不產生澀味，茶葉要以常溫的水迅速泡出茶湯。

Green Tea Chiffon

【材料】	（17cm模型）	（20cm模型）		（17cm模型）	（20cm模型）
蛋白	110g	180g	水	36g	60g
砂糖	55g	90g	植物油	36g	60g
玉米粉	5g	10g	檸檬汁	2g	3g
			低筋麵粉	55g	90g
綠茶（粉末）	2g	3g	砂糖	12g	20g
水	6g	9g			
			綠茶（粉末）	3g	5g
蛋黃	40g	70g	水	9g	15g

1　用蛋白、砂糖和玉米粉，製作安定的蛋白霜備用。

2　綠茶（2g，17cm模型）過篩去除凝結顆粒後 A，用3倍的水溶解備用。

3　將蛋黃、水、油和檸檬汁輕輕混合後，加入麵粉充分攪打混合。

4　麵糊產生黏性後，加入砂糖混合至融化為止。

5　重新檢視1的蛋白霜狀態，取和4的蛋黃麵糊相同的分量，混入4中。接著，再次檢視剩餘蛋白霜，攪拌成良好狀態，再倒入麵糊混合。這時，混合到還稍微留下一些白色蛋白霜即可 B。

6　取少量5的麵糊，加入2的綠茶中輕輕混合 C，再加入5剩餘的蛋白霜中混合 D。這時，也是混合到還稍微留下一些白色蛋白霜即可。取出120g（20cm模型取200g）的麵糊。

7　另外準備的綠茶（3g，17cm模型）也用3倍的水溶解，倒入在6中取出的120g（20cm模型取200g）的麵糊中混合 E。

8　將6剩餘的麵糊再次輕輕混合，加入7，如切割般混拌 F，注意2種麵糊不要充分混勻。

9　倒入模型中，放入中溫的烤箱約烤30分鐘（20cm模型約烤35分鐘）。

10　烤好後從烤箱中取出，將模型底部輕輕敲擊工作台，再倒扣放涼。

11　讓蛋糕靜置鬆弛一天，食用前才脫模分切。

A

B

C

D

E

F

Vegetable Chiffon

蔬菜戚風蛋糕

孩子還小的時候，有一種呈紅、黃、綠三色的土司，

孩子喜歡它漂亮的顏色，所以很愛吃。我想在戚風蛋糕上試試，看看能否呈現那樣繽紛的色彩。

我決定用番茄表現紅色，以南瓜表現黃色，以菠菜表現綠色。可是，味道好嗎？

雖然有漂亮的色彩，可是混合三種蔬菜味道一定很奇怪。

經過多方考量，我決定加入檸檬味調味，檸檬能夠蓋住其他味道。

於是，具蔬菜的顏色，卻呈檸檬味的蔬菜戚風蛋糕就完成了。

可惜的是，令人喜愛的三色土司，不知不覺間已銷聲匿跡。

我去法國時還曾經看過，外形不是我以前買的三色土司，而是三明治用麵包，

在甜點或麵包中常使用蔬菜的今天，

我想如果販售過去那種漂亮的三色土司，一定很暢銷，也許這只是我一己之見！

【材料】	（17cm模型）	（20cm模型）			（17cm模型）	（20cm模型）
蛋白	120g	200g		檸檬皮（磨碎）	1/3個份	1/2個份
砂糖	60g	100g		低筋麵粉	55g	90g
玉米粉	6g	10g		砂糖	12g	20g
蛋黃	50g	80g		南瓜泥	12g	20g
水	30g	50g		番茄糊	6g	10g
植物油	40g	65g		菠菜泥	12g	20g
檸檬汁	20g	35g				

1　用蛋白、砂糖和玉米粉，製作安定的蛋白霜備用。

2　蛋黃、水、油、檸檬汁和檸檬皮混合後，加入麵粉充分攪打混勻。

3　麵糊產生黏性後，加入砂糖混合至融化為止。

4　重新檢視 1 的蛋白霜狀態，取和 3 的蛋黃麵糊相同的分量，混入 3 中。接著，再次檢視剩餘蛋白霜，攪拌成良好狀態，再倒入麵糊混合。若白色蛋白霜已混勻不見，注意這時要比混合原味麵糊再提前一點停止混合。

5　將 4 的麵糊分成每份60g（20cm模型每份100g），分別放在其他的攪拌盆中，剩餘的麵糊保留備用。

6　製作黃色的麵糊。在南瓜泥中，先從 5 分出的60g麵糊中取少量加入混合 A，混勻後再加入剩餘的麵糊充分混合 E。

7　和 6 採取相同的作業方式，用番茄糊混成紅麵糊 C，用菠菜泥混成綠麵糊 D。

8　將 5 剩餘的白麵糊（原味）輕輕混合後，依照黃（南瓜）、紅（番茄）、綠（菠菜）、白色的順序，在模型中加入麵糊。這樣反覆加入2、3次 E，過程中，不時搖晃模型讓空氣釋出。

9　放入中溫的烤箱約烤35分鐘（20cm模型約烤40分鐘）。

10　烤好後從烤箱中取出，將模型底部輕輕敲擊工作台，再倒扣放涼。

11　讓蛋糕靜置鬆弛一天，食用前才脫模分切。

Spring Color Chiffon

春色戚風蛋糕

▸▸▸▸▸▸▸▸▸▸▸▸▸▸▸▸▸▸

這個戚風蛋糕是從女兒節的菱餅獲得的靈感。

我不用食用色素，以艾草表現綠色、草莓表現桃紅色。

這兩種顏色加上原味共三色，我不知該取何名，朋友幫我取名為「春色戚風蛋糕」。

蛋糕可製作成富變化的大理石花紋，但三色麵糊放入模型的方式不同，花紋也不同，

可像菱餅那樣整齊的三層，也可以改變色彩的層次，請依個人喜好製作。

【材料】	（17cm模型）	（20cm模型）		（17cm模型）	（20cm模型）
蛋白	110g	180g	低筋麵粉	60g	100g
砂糖	55g	90g	砂糖	10g	20g
玉米粉	5g	10g			
			艾草粉	2g	3g
蛋黃	40g	70g	水	8g	12g
水	35g	60g	草莓泥	40g	60g
植物油	35g	60g			

1 將艾草粉用水混合變濕備用 A 。

2 用蛋白、砂糖和玉米粉，製作安定的蛋白霜備用。

3 加入蛋黃、水、油和麵粉攪打混合。

4 麵糊產生黏性後，加入砂糖混合至融化為止。

5 重新檢視②的蛋白霜的狀態，取和④的蛋黃麵糊相同的分量，混入④中。接著，再次檢視剩餘蛋白霜，攪拌成良好狀態，再倒入麵糊混合。若白色蛋白霜已混勻不見，注意這時要比混合原味麵糊再提前一點停止混合。

6 從⑤的麵糊中取出100g（20cm模型取160g），加入①的艾草中混合。因為不易混合，所以可分2次混合麵糊 B 、 C 。

7 從⑥取剩的麵糊中，再取出130g（20cm模型取220g），加入草莓泥中混合 D 。

8 將⑦取剩的麵糊輕輕混合。

9 將麵糊放入模型中時，依照粉紅（⑦的麵糊）、白色（⑧的麵糊）、綠色（⑥的麵糊）的順序，重複放入2～3次 E 。

10 放入中溫的烤箱約烤40分鐘（20cm模型約烤45分鐘）。

11 烤好後從烤箱中取出，將模型底部輕輕敲擊工作台，再倒扣模型放涼。

12 讓蛋糕靜置鬆弛一天，食用前才脫模分切。

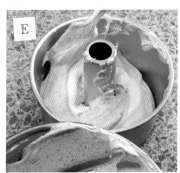

虹色戚風蛋糕

認識夏威夷的彩虹蛋糕和彩虹土司後，
我也想試做看看，於是開始尋找適合的顏色。
我在夏威夷看到的只有三色，但我想呈現七色，於是我不斷試做，希望能表現七種色彩，
但最後的一色做不出來。原以為彩虹有七色是常識，但事實上，不同國家認為的虹色似乎也不同，
兩色、五色、六色，還有國家甚至認為多達八色。
日本人覺得有七色，不過聽到有六色的國家後，我最後決定六色。
六色分別以藍莓、覆盆子、南瓜、番茄、菠菜和原味麵糊來表現。
因為顏色很多，為避免最早做好的原味麵糊的氣泡消失，得加快速度。
這是大理石麵糊中，最難製作的戚風蛋糕。

Rainbow Chiffon

【材料】	（17cm模型）	（20cm模型）		（17cm模型）	（20cm模型）
蛋白	120g	200g	砂糖	14g	22g
砂糖	60g	100g			
玉米粉	6g	10g	番茄糊	3g	5g
			南瓜泥	6g	10g
蛋黃	55g	90g	覆盆子	6g	10g
水	40g	66g	檸檬汁（覆盆子用）	1g	1.5g
植物油	40g	66g	藍莓	4g	7g
柳橙皮（磨碎）	1個份	2個份	檸檬汁（藍莓用）	1g	1.5g
低筋麵粉	60g	100g	菠菜泥	6g	10g

1　用蛋白、砂糖和玉米粉，製作安定的蛋白霜備用。

2　將蛋黃、水、油和柳橙皮混合後，加入麵粉攪打混合。

3　重新檢視1的蛋白霜狀態，取和2的蛋黃麵糊相同的分量，混入2中。接著，再次檢視剩餘蛋白霜，攪拌成良好狀態，再倒入麵糊混合。若白色蛋白霜已混勻不見，注意這時要比混合原味麵糊再提前一點停止混合。

4　將3的麵糊分成每份35g（20cm模型每份60g），分別放在5個攪拌盆中，剩餘的麵糊保留備用。

5　用4分好的麵糊，製作5色麵糊。番茄（橙色）麵糊，是從分好的麵糊中先取少量加入番茄糊中混合，混勻後再加入剩餘的麵糊混合。以相同的作法，用南瓜泥製成黃色麵糊，用覆盆子和檸檬汁製成紅色麵糊，用藍莓和檸檬汁製成紫色麵糊，用菠菜泥製成綠色麵糊。

6　將4中保留的原味麵糊的半量倒入模型中，上面依序放入在5中製作的紅（覆盆子）、橙（番茄）、黃（南瓜）、綠（菠菜）、紫（藍莓）5色麵糊，最後倒入剩餘半量的原味麵糊。

7　放入中溫的烤箱約烤35分鐘（20cm模型約烤40分鐘）。

8　烤好後從烤箱中取出，將模型底部輕輕敲擊工作台，再倒扣放涼。

9　讓蛋糕靜置鬆弛一天，食用前才脫模分切。

南瓜戚風蛋糕

不論古今中外，南瓜這種蔬菜被廣泛運用在甜點中，
它也是我最早想製作的蔬菜戚風蛋糕。
蔬菜不易影響麵糊，方便使用，還具有健康感。
我在法國做南瓜戚風時，用市場買來的南瓜製作，
但是怎麼樣都做不出在日本做的味道，
於是，我到中華街買了日本當時所用的南瓜，終於做出想要的味道。
法國南瓜水分多、味道淡，不過可用湯匙舀取，
對麵糊來說，水分不是什麼好材料，
所以挑選南瓜時，要選水分少的較易製作，
畢竟美味的南瓜，是製作美味蛋糕的祕訣所在。

Pumpkin Chiffon

【材料】	（17cm模型）	（20cm模型）		（17cm模型）	（20cm模型）
蛋白	110g	180g	南瓜（濾過）	24g	40g
砂糖	55g	90g	低筋麵粉	55g	90g
玉米粉	5g	10g	砂糖	12g	20g
蛋黃	40g	70g	南瓜（水煮過。連皮）	70g	120g
鮮奶	30g	50g	蘭姆酒（視個人喜好）	5g	8g
植物油	36g	60g			

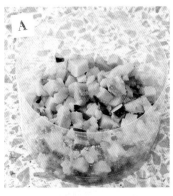

1 將南瓜煮熟，靠近種子的柔軟部分過濾變細。其他部分連皮切成7mm的小丁，視個人喜好灑上蘭姆酒調味備用A。

2 用蛋白、砂糖和玉米粉，製作安定的蛋白霜備用。

3 在攪拌盆中，放入蛋黃、水、油、濾過的南瓜和熱鮮奶E，輕輕混合。

4 在3中加入麵粉攪打混合。麵糊產生黏性後，加入砂糖混合至融化為止。

5 重新檢視2的蛋白霜狀態，取和4的蛋黃麵糊相同的分量，再倒入麵糊混合C，若白色蛋白霜已混勻不見，加入1切好的南瓜輕輕混合D。

6 接著，再次檢視剩餘蛋白霜，攪拌成良好狀態，加入5中混合E。這時要比混合原味麵糊再提前一點停止混合。

7 倒入模型中，放入中溫的烤箱約烤40分鐘（20cm模型約烤45分鐘）。

8 烤好後從烤箱中取出，將模型底部輕輕敲擊工作台，再倒扣放涼。

9 讓蛋糕靜置鬆弛一天，食用前才脫模分切。

香蕉戚風蛋糕

一整年都能輕易買到香蕉，可是美味的香蕉難尋。外皮變黑只是冰箱冰出來的，並不是因為熟成。
真正熟成的香蕉，外皮會出現黑色的斑點，就算香蕉熟了，還是請你吃過得覺美味再用吧。
事實上以前我去台灣時，有人曾請我吃香蕉。至今，我再也沒吃過那麼美味的香蕉，真的非常好吃。
我問他們，這香蕉皮的顏色在日本會覺得還不熟，但為什麼很好吃？
他們回答，因為這香蕉是在樹上熟的。沒錯，台灣可是香蕉的產地。
如果你去台灣，不妨吃吃看！

Banana Chiffon

【材料】	（17cm模型）	（20cm模型）		（17cm模型）	（20cm模型）
蛋白	110g	180g	水	20g	30g
砂糖	55g	90g	植物油	40g	70g
玉米粉	5g	10g	香蕉（切碎）	55g	90g
			低筋麵粉	55g	90g
蛋黃	40g	70g	香蕉（切粗末）	85g	140g

1 用蛋白、砂糖和玉米粉，製作安定的蛋白霜備用。

2 在蛋黃、水和油中，加入切碎的香蕉，如碾壓般一起混合，再加入麵粉攪打混合。

3 麵糊產生黏性後，加入切粗末的香蕉輕輕混合。

4 重新檢視①的蛋白霜狀態，取和③的蛋黃麵糊相同的分量，混入③中。接著，再次檢視剩餘蛋白霜，攪拌成良好狀態，再倒入麵糊混合。若白色蛋白霜已混勻不見，注意這時要比混合原味麵糊再提前一點停止混合。

5 倒入模型中，放入中溫的烤箱約烤40分鐘（20cm模型約烤45分鐘）。

6 烤好後從烤箱中取出，將模型底部輕輕敲擊工作台，再倒扣放涼。

7 讓蛋糕靜置鬆弛一天，食用前才脫模分切。

覆盆子戚風蛋糕

這是我在法國時想到的戚風蛋糕。

酷愛覆盆子的我，心想「這個能加入戚風蛋糕的麵糊中嗎？」

於是試著製作，竟然輕鬆成功！也深獲法國人的好評。

法國新鮮覆盆子於初夏上市，但在日本很難買到新鮮的。

我的店裡是用歐洲產的冷凍品。麵糊中直接放入冷凍覆盆子烘烤即成。

美味的覆盆子戚風，至今仍是本店的招牌商品。

Framboise Chiffon

【材料】	（17cm模型）	（20cm模型）		（17cm模型）	（20cm模型）
冷凍覆盆子	55g	90g	蛋黃	40g	70g
			水	36g	60g
蛋白	110g	180g	植物油	36g	60g
砂糖	55g	90g	檸檬汁	3g	5g
玉米粉	5g	10g	低筋麵粉	55g	90g
			砂糖	12g	20g

1 將每顆冷凍覆盆子直接切成4～6等份，在整體上撒上麵粉 A，為避免解凍，放入冷凍室中直到使用前才取出。

2 用蛋白、砂糖和玉米粉，製作安定的蛋白霜備用。

3 將蛋黃、水、油和檸檬汁輕輕混合後，加入麵粉充分攪拌混合。

4 麵糊產生黏性後，加入砂糖混合至融化為止。

5 重新檢視 ② 的蛋白霜狀態，取和 ④ 的蛋黃麵糊相同的分量，混入 ④ 中。接著，再次檢視剩餘蛋白霜，攪拌成良好狀態，再倒入麵糊混合。若白色蛋白霜已混勻不見，注意這時要比混合原味麵糊再提前一點停止混合 B。

6 最後加入 ①。覆盆子中殘留的麵粉不要加入麵糊中 C，輕輕混拌，讓覆盆子均勻分布在麵糊中 D。

7 倒入模型中，放入中溫的烤箱約40分（20cm模型約烤45分鐘）。

8 烤好後從烤箱中取出，將模型底部輕輕敲擊工作台，再倒扣放涼。

9 讓蛋糕靜置鬆弛一天，食用前才脫模分切。

裝飾用鮮奶油

【材料】	（17cm模型）	（20cm模型）
鮮奶油	140g	200g
砂糖	12g	18g
覆盆子泥	20g	30g
覆盆子果實	8顆	10顆
綠葉	8片	10片

【作法】

1 在攪拌盆中加入鮮奶油和砂糖，盆底一面浸泡冰水，一面稍微攪打發泡。

2 用刮刀混合覆盆子泥和 ①，塗抹在戚風蛋糕的表面，剩餘的鮮奶油裝入擠花袋中，在蛋糕上擠上花樣。

3 最後裝飾上覆盆子果實和綠葉。

起司胡椒戚風蛋糕

近幾年來，鹹蛋糕似乎蔚為話題。

既然不能做戚風蛋糕版的鹹蛋糕，我就試做不甜的戚風蛋糕。

我本身並不喜歡將甜點做得好像餐點，但我吃了朋友做的蛋糕，

覺得還不錯，於是參考他的配方，組合起司和胡椒。戚風蛋糕因為有點像土司，稍微烤一下就能當早餐。

蛋糕散發起司香味、有鹹味，再加上粗碾的胡椒風味。

這裡我是用市售的起司粉，但你可以用自己喜歡的起司，

起司含有油分，常使蛋白霜的氣泡消失，請特別留意蛋白霜的作法。

Cheese Pepper Chiffon

【材料】	（17cm模型）	（20cm模型）		（17cm模型）	（20cm模型）
蛋白	110g	180g	水	36g	60g
砂糖	55g	90g	植物油	36g	60g
玉米粉	6g	10g	低筋麵粉	55g	90g
			起司粉	24g	40g
蛋黃	40g	70g	黑胡椒（粗碾）	2.4g	4g

1　用蛋白、砂糖和玉米粉，製作安定的蛋白霜備用。

2　加入蛋黃、水、油和麵粉攪打混合。

3　麵糊產生黏性後，加入起司和黑胡椒混合A。

4　重新檢視1的蛋白霜狀態，取和3的蛋黃麵糊相同的分量，混入3中B。接著，再次檢視剩餘蛋白霜，攪拌成良好狀態，再倒入麵糊混合。

5　倒入模型中，放入中溫的烤箱約烤35分鐘（20cm模型約烤40分鐘）。

6　烤好後從烤箱中取出，將模型底部輕輕敲擊工作台，再倒扣放涼。

7　讓蛋糕靜置鬆弛一天，食用前才脫模分切。

巧克力錠 & 柳橙戚風蛋糕

巧克力和任何材料組合都很合味，這點頗令人不可思議。我尤其喜歡柳橙和巧克力的組合。
我將這種組合運用在戚風蛋糕中。柳橙皮以糖漿煮過切碎，
巧克力片略微切碎，加入原味麵糊中烘烤即成。
巧克力厚重，含有油分，易弄破蛋白霜的氣泡，製作蛋白霜請留意。
這裡我用市售的巧克力錠，你也可以用喜愛的柑橘類取代柳橙，
不妨加點變化試著做做看吧！

Chocolate Chip & Orange Chiffon

【材料】	（17cm模型）	（20cm模型）		（17cm模型）	（20cm模型）
蛋白	110g	180g	水	36g	60g
砂糖	55g	90g	植物油	36g	60g
玉米粉	5g	10g	低筋麵粉	60g	90g
			糖漬橙皮乾	50g	80g
蛋黃	40g	70g	巧克力錠	50g	80g

1 用蛋白、砂糖和玉米粉，製作安定的蛋白霜備用。

2 加入蛋黃、水、油和麵粉攪打混合。

3 麵糊產生黏性後，加入糖漬橙皮乾，輕輕攪拌混入麵糊中。

4 重新檢視①的蛋白霜狀態，取和③的蛋黃麵糊相同的分量，混入③中。接著，再次檢視剩餘蛋白霜，攪拌成良好狀態，再倒入麵糊混合。若白色蛋白霜已混勻不見，注意這時要比混合原味麵糊再提前一點停止混合。

5 最後，加入巧克力錠輕輕混合。

6 倒入模型中，放入中溫的烤箱約烤35分鐘（20cm模型約烤40分鐘）。

7 烤好後從烤箱中取出，將模型底部輕輕敲擊工作台，再倒扣放涼。

8 讓蛋糕靜置鬆弛一天，食用前才脫模分切。

糖漬橙皮乾

【材料】

柳橙皮	適量
砂糖	橙皮（煮過）的35％
橙酒（柑曼怡橙酒〔Grand Marnier〕等）	適量

【作法】

1 柳橙皮放入鍋中，加入能蓋過橙皮的水，開火加熱，煮沸後瀝除湯汁。

2 橙皮再加水煮，煮到變柔後，瀝除湯汁，切細。

3 測量②的重量，在鍋裡加入該重量35％的砂糖，靜置到糖融化為止。

4 砂糖融化後，開火加熱，煮到水分收乾，用不會煮焦程度的大火，再迅速煮一下。

5 離火，變涼後，加入橙酒醃漬備用。

巧克力戚風蛋糕

這是本店最容易失敗，難度最高的戚風蛋糕。

可可粉為粉末，常被認為像一般的粉類好製作，但可可粉不是巧克力塊，

它含有油分，不能像固態巧克力那樣處理，否則會失敗。

可可粉遇熱融化，遇冷凝固，

所以加入蛋黃麵糊的水要用熱水（約80℃）。

使用的器具和材料會吸熱，和可可粉接觸時會使溫度下降，

為免溫度下降太快要迅速混合。麵糊變冷，可可粉容易凝固，無法充分乳化。

混合蛋白霜時，也要趁蛋黃麵糊還有微溫時混合。

可可粉易吸收水分，所以要比其他戚風蛋糕多加一些水分。

Chocolate Chiffon

【材料】	（17cm模型）	（20cm模型）		（17cm模型）	（20cm模型）
蛋白	110g	180g	植物油	36g	60g
砂糖	55g	90g	熱開水	50g	80g
玉米粉	5g	10g	可可粉	20g	35g
			低筋麵粉	40g	70g
蛋黃	40g	70g	砂糖	12g	20g

1　用蛋白、砂糖和玉米粉，製作安定的蛋白霜備用。

2　在攪拌盆中，加入蛋黃、油、熱開水、麵粉和可可粉，趁還沒變涼時混合 A。

3　混合到麵糊產生黏性後 B，加入砂糖混合至融化為止 C。

4　趁還有餘溫時，重新檢視①的蛋白霜狀態，取和④的蛋黃麵糊相同的分量，混入④中。接著，再次檢視剩餘蛋白霜，攪拌成良好狀態，再倒入麵糊混合。

5　倒入模型中，放入中溫的烤箱約烤35分鐘（20cm模型約烤40分鐘）。

6　烤好後從烤箱中取出，將模型底部輕輕敲擊工作台，再倒扣放涼。

7　讓蛋糕靜置鬆弛一天，食用前才脫模分切。

裝飾用鮮奶油

【材料】	（17cm模型）	（20cm模型）
鮮奶油	150g	200g
砂糖	13g	18g
巧克力	適量	適量

【作法】

1 在鮮奶油中加入砂糖，盆底一面浸泡冰水，一面攪打發泡。視個人喜好加入利口酒。

2 將①塗抹在戚風蛋糕的表面，削切巧克力放在蛋糕上。

不受「模型」侷限，
更自在的享受製作戚風蛋糕的樂趣

大家對於戚風蛋糕的外觀印象，大概都是正中央有孔，厚度很厚吧？

在戚風蛋糕發源地美國，有一種和它外型相同的蛋糕，

那就是在美國已有200多年歷史的天使蛋糕。

在日本所謂的戚風蛋糕模，原是烘焙天使蛋糕用的，被稱為天使蛋糕模型。

現在，美國已看不到日本這樣的戚風蛋糕。

聽說，戚風蛋糕現在都被用來當作生日或結婚蛋糕的蛋糕體。

「chiffon cake（戚風蛋糕）」這個名稱，並非指它的外型，而是指它比其他蛋糕都柔軟。

在美國舊雜誌中，我曾看過裡面介紹各式各樣的戚風蛋糕模型。

它是美國家庭經常烘焙的蛋糕，所以會用各式手邊的模型來製作。

從前日本有些商家，以磅蛋糕模型製作，也以戚風蛋糕之名銷售。

我造訪的各個國家，販賣的戚風蛋糕也形形色色。

為什麼日本會用天使蛋糕的模型，來作為戚風蛋糕的模型呢？

經我的推測，對於喜歡柔軟口感的日本人來說，中央有筒、具厚度的外型，

讓人感覺最柔軟，最合乎理想吧！

各位也可試用手邊現有的各式模型來製作戚風蛋糕，

以下將介紹如何以各種模型烘焙基本的麵糊，

以及如何自由運用不同外型的蛋糕。

Idea Chiffon

庫克洛夫模戚風蛋糕

我曾在德國家庭製作戚風蛋糕，想找個類似戚風蛋糕的模型，

當時找到一個像戚風蛋糕模那樣中央筒比周邊還突出的庫克洛夫蛋糕模型。

用這種模型做出的蛋糕，周邊呈現的花樣，我覺得比用戚風蛋糕模型還漂亮！

你可能會想「庫克洛夫模型中拿不出蛋糕吧！」請不妨試試便知。

用手若能取出蛋糕，用此模型也沒關係。請輕柔的取出蛋糕吧。

一般的庫克洛夫模型的中央筒並未突出，放涼時，為利於散熱可將模型倒扣在網架上放置。

【材料】原味麵糊（請參照第9頁）

1　在未塗抹任何材料的庫克洛夫模型中，倒入戚風蛋糕麵糊 A 。倒好後搖晃模型，讓麵糊表面變平。

2　放入中溫的烤箱約烤30分鐘。

3　烤好後從烤箱中取出，將模型底部輕輕敲擊工作台，再倒扣放涼。

4　讓蛋糕靜置鬆弛一天，脫模。首先，沿著蛋糕外緣，用手指輕輕的下壓後，再將蛋糕往面前撥。從剝離處伸入手指，輕輕的一面讓蛋糕和模型分離，一面繞 B 一圈。

5　接著從中央軸的周圍下壓，讓蛋糕剝離 C 。

6　若蛋糕邊緣一圈都已和模型分離，將模型邊緣輕扣工作台 D ，再倒扣模型取出蛋糕 E 。蛋糕倒扣若還無法脫模，可再伸入手指剝離。

杯模和磅蛋糕模型
的戚風蛋糕

麵糊狀態佳當然很好，但覺得麵糊狀況不良，或者有點失敗時，
試試不用戚風蛋糕模，改用其他模型烘焙吧，也許能使失敗出現轉機。
不被常識侷限，這裡我雖用磅蛋糕模和杯模來烘焙，
不過任何模型都可試試，也許你會有新的發現也說不定。
運用裝飾或包裝，讓蛋糕變身為絕佳的甜點吧！

杯模戚風蛋糕

~~~~~~~~~~~~~~~~~~~~~~~~~~~~~~~~~

原味麵糊（請參照第9頁）
裝飾用堅果類、草莓、鮮奶油、巧克力

1　將麵糊裝入杯模中 A 。

2　在中央撒上堅果類 B 。

3　放入中溫的烤箱中約烤15分鐘。

4　烤好後靜置放涼。

5　在中央裝飾上鮮奶油、草莓和巧克力等。

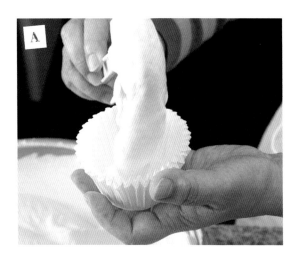

磅蛋糕模戚風蛋糕

原味麵糊（請參照第9頁）

1 將麵糊裝入磅蛋糕模型中 A。

2 搖晃模型，讓麵糊表面變平均 B。

3 放入中溫的烤箱中約烤20分鐘。

4 烤好後靜置放涼。

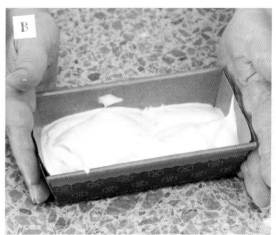

烤盤烘焙的戚風蛋糕

戚風蛋糕也能製作瑞士捲。
不用模型，改用家用烤箱所附的烤盤，倒入原味麵糊刮平後烘烤。
捲包時若太用力，蛋糕會壓扁變硬，這點請留意！
即便如此，它吃起來仍比海綿蛋糕更濕潤、柔軟。
我在裡面包入鮮奶油和草莓，水果可隨個人喜好變換。

【材料】
烤盤約24cm×約28cm
原味麵糊（參照第9頁）／鮮奶油　200g／砂糖　18g／草莓　10顆

1　在鋪了烤焙紙的烤盤上，放上戚風蛋糕麵糊，用刮刀抹平 A B。

2　放入中溫的烤箱約烤15分鐘。

3　烤好後從烤箱中取出，從烤焙紙上取下靜置。

4　在攪拌盆中放入鮮奶油和砂糖，盆底一面浸泡冰水，一面攪打發泡變硬。

5　將涼了的蛋糕烘烤面朝上，塗上 4 ，放上切好的草莓捲包起來。

6　暫放一會讓味道融合，再切成好食用的大小。

夾心戚風蛋糕（草莓奶油）

我去美國時，看到一種很厚的蛋糕，以為是戚風蛋糕，

但仔細一看，上面寫著夾心蛋糕（layer cake）。

layer這個英文字是「層」的意思，蛋糕由鮮奶油和海綿蛋糕交疊而成。

以此為靈感，我想用戚風蛋糕也組合看看。

日本人最愛草莓奶油蛋糕。

我用戚風蛋糕的原味蛋糕，取代奶油蛋糕的海綿蛋糕，共疊三層。

即使不刷糖漿，它也比海綿蛋糕更濕潤、柔軟，是我最愛的蛋糕。

在草莓盛產季人氣排名第一。

【材料】

原味戚風蛋糕（17cm模型、參照第9頁）

鮮奶油…300g／砂糖…27g

草莓…1盒／薄荷葉

1　將原味戚風蛋糕橫向切成三等份。

2　草莓切成1/2或1/3大小。

3　在攪拌盆中放入鮮奶油和砂糖，盆底一面浸泡冰水，一面攪打發泡。

4　在①的蛋糕上，薄塗上打發的③的鮮奶油，再散放上切好的草莓，上面塗上③的鮮奶油，厚度約可蓋住草莓，再放上①的蛋糕，重複這項作業，共疊三層。最後，輕輕的從上往下壓，讓蛋糕變安定。

5　在整個蛋糕上塗上鮮奶油，放上切半的草莓，再裝飾上薄荷葉。

千層戚風蛋糕（巧克力＆咖啡＆肉桂）

不只用一種麵糊，組合不同味道的麵糊能享受更豐富的美味，
這是千層戚風蛋糕才能享有的獨特風味。
在咖啡戚風蛋糕和肉桂戚風蛋糕中，夾入咖啡和巧克力鮮奶油。
南瓜配肉桂、覆盆子配巧克力等的組合也很美味。
請你運用之前介紹過的戚風蛋糕，製作自己喜歡的千層戚風吧。

【材料】
咖啡戚風蛋糕（20cm模型、參照第22頁）
肉桂戚風蛋糕（20cm模型、參照第20頁）

咖啡鮮奶油
　鮮奶油…200g、砂糖…18g、即溶咖啡…2g（以等量的水溶解）
巧克力鮮奶油
　鮮奶油…200g、巧克力…90g

咖啡巧克力豆※（適量）

1　將咖啡戚風蛋糕和肉桂戚風蛋糕，分別切成約1cm厚。

2　製作咖啡鮮奶油。在攪拌盆中放入鮮奶油和砂糖，盆底一面浸泡冰水，一面攪打發泡，攪打到稍微軟綿的發泡程度，加入即溶咖啡再攪打發泡。

3　製作巧克力鮮奶油。巧克力切碎放入攪拌盆中，開火加熱煮沸，一面慢慢加入鮮奶油，一面如畫圓般混合，等鮮奶油全部混入之後，盆底放冰水冷卻，冷了之後再攪打發泡。

4　在①的肉桂戚風蛋糕上，塗上③的鮮奶油，放上①的咖啡戚風蛋糕，再塗上②的鮮奶油，再放上①的肉桂戚風蛋糕，重複這項作業。

5　在全部蛋糕上塗上③的鮮奶油。

6　上面重點放上②的鮮奶油，再裝飾上咖啡巧克力豆。

※編註：市面上常售的咖啡巧克力豆有分兩種，一是以整顆咖啡豆包入巧克力中，另一種則是將咖啡原料與巧克力融合在一起，製作出咖啡豆造型的巧克力。可視個人喜好而使用。

從失敗中學習，
讓戚風蛋糕技術更進步

現在，網路上有許多戚風蛋糕的失敗經驗談，

以及很難做出好吃蛋糕的相關討論等。

記得當初，我也覺得「戚風蛋糕很簡單」，

我想很多人都是在製作不同風味的戚風蛋糕遭遇失敗後，

才注意到戚風蛋糕的困難處。至今，我也經歷過無數次的失敗。

深究其原因，科學上都能找到答案。從科學的角度，能看到各項原理。

在尋找答案的同時，我了解到看不見的地方其實隱藏著很重要的東西。

想了解言語難以形容、肉眼又看不見的重點，得反覆經過數次、數十次、數百次、

數千次的練習，靠自己的身體和感覺來記住。所以，很難。

以下將介紹我的經驗中，曾遇過的失敗情況及其原因和對策。

不過「失敗為成功之母」，請別放棄，繼續努力吧！

1 在烤箱中，模型裡的蛋糕表面凹陷。

原因１ 烘烤過度

如何避免相同的失敗

根據烤箱不同的性能、機種和類型，火候大小也不同，這點請留意。本書中標示的烘焙時間為大致的標準，若無法成功烘焙時，計時器請設定在烤好時間的5分鐘前，然後一面觀察烘烤情況，一面烘烤。烘焙時間結束，覺得已經烤好的話，可先透過觀視窗觀察蛋糕，若膨起的蛋糕又稍微下沉一點，就表示完成了。等熟悉之後，用手觸摸蛋糕表面，透過感覺到彈力便可確認是否已烤好。

2 在烤箱中，模型裡的蛋糕表面過度膨脹、凹凸不平。

原因**1** 麵糊中有許多大氣泡。

如何避免相同的失敗

確實混拌讓氣泡變得細小、均勻一致。

原因**2** 蛋黃麵糊和蛋白霜混合時，多餘的空氣會散失，留下適當的空氣量，但是如果混拌得不夠，裡面的空氣太多，烘烤後蛋糕就會過度膨脹。表面出現許多裂痕，變得凹凸不平，都是為了要釋出多餘的空氣。這種情況，我想是因為麵糊中含有許多大氣泡。

如何避免相同的失敗

蛋黃麵糊和蛋白霜混合時，若已看不到白色蛋白霜，並不表示已經完成混合作業。需繼續混拌讓多餘的空氣釋出，再倒入模型中。裝入模型時，若麵糊變硬無法流動時，還要再稍微混拌一下。

3 從烤箱取出後，模型裡的蛋糕表面凹陷。

原因**1** 烤箱中受熱的空氣膨脹，麵糊也膨脹，烤箱外溫度低，空氣收縮，若蛋白霜的膜太薄弱，隨著空氣收縮蛋糕也收縮，表面因此變得凹癟。

如何避免相同的失敗

練習製作結實、安定的蛋白霜。

4 烤好後倒扣，蛋糕從中剝落（倒扣放涼，蛋糕從模型邊緣剝落）。

原因 1 原因有兩個。第一是蛋白霜的氣泡太弱，無法承受蛋糕的重量，因此從模型中剝落。

如何避免相同的失敗

製作良好的蛋白霜很重要。若有困難，請減少蛋糕的餡料再試做看看。

原因 2 第二個原因是，蛋糕沒有烤透

如何避免相同的失敗

蛋糕裡沒有充分烤透，半生不熟的話，會造成蛋糕剝落的情形。麵糊中含有固形物，較難烤透，比什麼都沒放的原味麵糊，烘烤的時間要更長，所以請烘烤得久一點。

烤箱的溫度太高，可能蛋糕周圍烤熟，但中央卻沒烤透，這時需注意調整火候。此外，紙模型較不易導熱，依照設定的時間烘烤，裡面有可能沒烤透。所以用紙模型製作時，請稍微烤久一點。不過，剝落的蛋糕趁熱食用，吃起來像鬆糕一樣美味。但涼了之後，口感會變硬。

蛋糕剝落，若像右圖中那樣，蛋糕從模型周邊剝離，而且膨脹情況不佳，表示烘烤得不夠久。尤其是巧克力顏色烤黑後較難判斷狀況，請注意烘焙的時間。

5 脫模的蛋糕，底部（變成上面的部分）有凹陷現象。

原因 1 原因是未充分乳化。對戚風蛋糕來說，水分充分包裹住油分，才是良好的乳化狀態。但相反地，油分包裹住水分，則是不良的乳化狀態。因爲油會使蛋糕黏附在模型上，剝離時造成凹陷現象。

如何避免相同的失敗

乳化作業時，要朝相同方向如畫圓般混合。請注意混拌的力道太大，會破壞卵磷脂的乳化力。用電動攪拌器混合時，請採用中速或低速。

原因 2 麵糊倒入模型中時，若過度敲擊底部也會造成此現象。因爲跑入空氣，蛋糕會從此處剝離。

如何避免相同的失敗

我是使用底部和筒能夠一起取出的戚風蛋糕模型。這種模型的底部受到敲擊時，衝擊力會使底部往上浮，空氣便會由此進入。爲避免發生這種情形，敲擊時，請用手從上往下壓住筒的部分。

6 脫模的戚風蛋糕，中間筒的周圍有凹陷現象。

原因 1 使用檸檬等具有酸性食材時，常發生這種現象。因為強酸會使蛋黃的蛋白質凝固，變得不易乳化。

如何避免相同的失敗

依不同的季節或品種，檸檬的酸度也不同。最好挑選熟成、酸味淡的檸檬。市售的檸檬汁酸度固定，我覺得較易處理。

7 脫模後的戚風蛋糕，側面呈壓扁狀態。此外，蛋糕出現橫向裂開的情形。

原因 1 左圖中的戚風蛋糕，側面有擠壓扁塌的現象，這是因為蛋白霜長時間（15～20分鐘以上）持續打發，再加上打發的力道太大，會造成此現象。麵糊失去韌性後下沉，因而扁塌。

如何避免相同的失敗

請練習製作狀態良好的蛋白霜。

原因 2 如右圖中那樣橫向裂開的情形，是因麵糊沒有充分混合，此外，蛋白霜狀態不佳也是造成的原因。

如何避免相同的失敗

混合水分多的麵糊時，材料不容易混勻，所以需充分混合。為了能充分混合，蛋白霜也要仔細製作。

8 脫模後的戚風蛋糕，整體變成褐色。

原因1 這是以高溫烘烤，或是過度烘烤所致。

如何避免相同的失敗

烤箱的機型不同，火力也有差異，這點請留意。戚風蛋糕模厚度很厚，需要花時間中央才能烤透，不過如果模型中央有筒，熱度也能從中傳入，這樣蛋糕便能從內、外兩方面受熱，會比無筒的模型更快烤好。書中標示的烘烤時間為大致的標準，請觀察溫度，以標示的前後溫度多烤幾次，找出自己烤箱最適合的溫度。以高溫（180℃以上）烘烤，會發生周圍已經烤好，但熱度卻無法烤透中央麵糊的情形。相反地，若以低溫（140℃以下）烘烤，在形成蛋糕的架構前，裡面的空氣便已散失，使得蛋糕無法膨脹。所以，請用中溫（150℃～170℃）來烘烤。如果烘烤過度時，請參考狀況1的說明。

9 混入覆盆子麵糊中的材料周圍產生空洞。

原因 1 冷凍覆盆子退冰，或蛋白霜狀態不佳。

如何避免相同的失敗

這種情形是麵糊還未烤硬之前，覆盆子便已退冰滲出果汁，造成果肉變小的緣故。已退冰一次的果類，即使再冷凍，也很容易滲出果汁，所以切勿使用。使用時一定要保持冷凍狀態。此外，如果蛋白霜不安定，狀態良好的覆盆子麵糊也會形成空洞。請謹慎的製作安定的蛋白霜。

原因 2 覆盆子周圍只有一部分有空洞時，是因爲覆盆子太大的緣故。

如何避免相同的失敗

將太大的覆盆子切小，讓所有的大小均勻一致。雖然小一點的覆盆子不會造成空洞現象，但是如果顆粒太小，不易釋出味道，美味也會大打折扣。

10 放入色澤鮮麗的材料，卻造成麵糊變色。

∢∢∢

原因**1** 含有多酚（polyphenol）的食材，多酚類中的一種化合物花青素（anthocyanin），會和鹼性
蛋白產生反應而變色。覆盆子汁融入麵糊中後，會出現藍色條紋。

如何避免相同的失敗

放太久的蛋白鹼性較強，加入含多酚的食材中，容易發生變色現象。請務必使用新鮮的蛋製作。加入檸檬等
酸性能中和鹼性，緩和變色現象。不過如果加太多，酸味會太重，製作時請小心。

11 切開蛋糕時，出現蛋白塊。

原因**1** 左圖中的蛋糕右下角，可看見白色的部分。那是未充分混合的蛋白霜。蛋白霜打發過度會變得難以混合。蛋白霜狀態太弱，混合過程中氣泡消失後，蛋糕會膨脹不起來。蛋黃麵糊的可可粉和水分未充分混合，氣泡也容易消失，無法和蛋白霜充分混合。蛋白霜與蛋黃麵糊的混合狀況不佳，同樣也會發生這種情況。

如何避免相同的失敗

製作狀態良好、安定的蛋白霜。請練習蛋黃麵糊和蛋白霜的混合法。此外，使用可可粉時，如果蛋黃麵糊的溫度不夠熱，就無法完成乳化作業，所以要使用熱水。

原因**2** 右圖中，因為製作蛋白霜時，未將氣泡攪拌變得細緻均勻，所以未消失剩餘的大氣泡便形成空洞。

如何避免相同的失敗

製作安定的蛋白霜相當重要。尤其是加入可可粉的麵糊，可可粉的油分容易使氣泡消失，所以請製作氣泡細緻、結實、安定的蛋白霜。

1998 年開幕的 La Famille，以製作儘量不用添加物，對身體有益的戚風蛋糕為目標。除了經典戚風蛋糕外，還能享受四季更替的戚風蛋糕。此外，泡芙也暗藏人氣。戚風蛋糕在日本全國均有宅配服務，事先預約的話，還能訂製以戚風作為蛋糕體的宴會蛋糕。2010 年該店遷至現址，在店面享受戚風蛋糕的同時，眼前還能欣賞公園的大片綠意。該店的甜點教室，有基礎課程、應用課程和專為個人開設的特別課程三種，除了戚風蛋糕外，也能學習其他各式各樣的甜點。

TITLE

手作花漾戚風蛋糕

STAFF

出版	瑞昇文化事業股份有限公司
作者	小沢のり子
譯者	沙子芳

總編輯	郭湘齡
文字編輯	王瓊苹 林修敏 黃雅琳
美術編輯	李宜靜 謝彥如
排版	二次方數位設計
製版	明宏彩色照相製版股份有限公司
印刷	皇甫彩藝印刷股份有限公司
法律顧問	經兆國際法律事務所 黃沛聲律師

戶名	瑞昇文化事業股份有限公司
劃撥帳號	19598343
地址	新北市中和區景平路464巷2弄1-4號
電話	(02)2945-3191
傳真	(02)2945-3190
網址	www.rising-books.com.tw
Mail	resing@ms34.hinet.net

本版日期	2016年2月
定價	250元

ORIGINAL JAPANESE EDITION STAFF

撮 影	後藤弘行（本誌）
デザイン	ライラック
編集長	森 正吾

國家圖書館出版品預行編目資料

手作花漾戚風蛋糕／小沢のり子作；沙子芳譯.
-- 初版. -- 新北市：瑞昇文化，2013.05
80面；19X25.7 公分
ISBN 978-986-5957-67-4 (平裝)

1. 點心食譜

427.16   102008475

CHIFFON CAKE SENMONTEN LA FAMILLE NO JOUTATSU SURU CHIFFON CAKE
© NORIKO OZAWA 2012
Originally published in Japan in 2012 by ASAHIYA SHUPPAN CO.,LTD..
Chinese translation rights arranged through DAIKOUSHA INC.,KAWAGOE.